∘ TOAST IDEAS ∘

末羊子的朝食生活

高顏值吐司

末羊子 著

把生活過好，就是一件有成就感的事

哈囉，各位讀者朋友們，我是末羊子。無論你是不是從 Youtube 上認識我，再進而翻開這本書，都謝謝你們購買和閱讀這本生活小品。怎麼說呢，這本書對我而言不僅僅是幾張漂亮的美照秀，更像是在和你們分享我的生活理念和信仰。

在這本書裡，我最想跟各位分享：「把生活過好本身，就是一件有成就感的事情。」過去我的打扮和外在時常受到朋友們的讚賞，但揭開我的生活，我的宿舍可真是一點女人味都沒有，衣服收下來就隨手丟在床上，三餐隨意吃，便利商店搭配微波食品，為了學業及工作熬夜成習慣，再把習慣後的疲憊，轉變成更多頹喪的藉口，同時還自嘲自己的一團亂。

我們時常說，要對自己好一點，特別是一個人生活的日子，更多是自己照顧自己、自己與自己相處。「好一點」可以是稍微放縱一些，不給自己過度的壓力和要求，我們當然可以喜歡，也選擇這樣自在且無拘束的生活模式，但直至我開始規律生活，僅僅是吃得好、睡得飽，就讓我對這一切有了新的定義。我發現大部分的人對於規律生活、健康飲食的認知是「遙不可及」，甚至是「為什麼要過得那麼辛苦？」

但有趣的是,從不規律到規律的作息改變,我反倒想問「以前」那個凌亂的自己:「為什麼要過得那麼辛苦?」

這本書記錄著我從「自己做早餐」如此簡單平淡的事情中,找到生活的確幸和自己嚮往的生活模式。這段時間的摸索讓我開始相信「健康的生活」是一件我也做得到的事情。分享並特寫我的手做早餐,不僅僅獲得虛浮的掌聲,更獲得充實的滿足感—我知道我正在好好地照顧自己的身體。

如果你對手作早餐也有那麼點嚮往,恰巧喜歡拍攝食物特寫,那希望你們喜歡這本書。在上傳到社群媒體的這段時間,我也認識了很多志同道合的手作早餐朋友,每個人專注的點都會有些許不同,好比健身取向、減肥取向、健康取向、顏值取向等等,每個人嚮往的生活方式都太不相同,但論及堅持並發展成習慣的關鍵是,無論怎麼選擇,自己快樂是最重要的,畢竟我們的目的是要讓自己過得開心、認同自己的生活方式才是。再次謝謝你們願意讀到這裡,希望你們會喜歡這本食譜的生活小品囉 <3。

作者序 ── 把生活過好，就是一件有成就感的事 002
前言 ── 讓吐司變身的夢幻魔法 ·················006

CHAPTER 1 女孩時光

熟女午茶──甜橙蔓越莓·················020
午茶派對──焦糖水梨·················022
少女心爆發──草莓起司·················024
甜蜜風情──法式蘋果吐司·················026
甜蜜愛戀──法式蜂蜜櫻桃·················028
PB＆J──花生果醬·················030
都會輕食──小黃瓜荷包蛋·················032
美味巧思──焗烤蘑菇·················036
經典變身──花生起司豬排·················038
為愛料理──烤起司馬鈴薯·················040
油畫吐司──調色抹醬·················042

CHAPTER 2 童話故事

巫婆的點心──蔓越莓南瓜子·················048
黃金鼠──地瓜起司·················052
紅心皇后──紅豆起司·················054
奇異玫瑰──奇異果巧克力·················056
惡魔的配方──Oreo餅乾·················060
編織吐司──起司火腿·················062
花椰菜兄弟──雙色花椰菜·················064
微笑太陽──培根荷包蛋·················066
經典不敗──草莓香蕉·················068

CHAPTER 3 旅途風景

日式庭園──抹茶紅豆·················072
水果嘉年華──葡萄鳳梨奇異果·················074

涼爽的海風——冷燻鮭······076
夏威夷慶典——鳳梨火腿······078
旅行的風景——蔥蛋法式······080
英式早晨——茄汁焗豆······082
亞洲的夏天——台式泡菜······084
歐洲莊園——甜醬蘋果······088
異國香氣——肉桂蘋果······090
鄉村小鎮——蝦仁青蔥玉米筍······092

CHAPTER 4 難以忘懷

鹹甜青春——芋泥肉鬆······096
家鄉陽光——地瓜玉米······098
雨中舞姿——半熟蛋起司烤杏仁······100
雨後陽光——奶香南瓜······104
純淨的景色——鳳梨起司豆苗······108
清爽秋日——酪梨鮪魚番茄······110
震撼瞬間——嫩蛋牛肉三明治······112
冬日裡的暖流——藜麥蘋果雞肉泥······116
萬分感謝——花生蘆筍蛋······118

CHAPTER 5 發現自己

對自己好一點——花生醬烤杏仁蜂蜜······122
早起的意志——切達蘑菇蛋······124
柔軟的一顆心——菠菜水波······126
報喜不報憂——滑蛋蝦······130
從現在開始——蘋果鮪魚······132
懂得愛自己——花生起司燻牛肉······136
改變的力量——草莓杏仁······138
渴望高峰——奶香核桃薯泥······140
持續的力量——馬鈴薯沙拉······142
步步向前——羅勒醃漬小番茄······146
未來藍圖——酪梨培根雞蛋······148

FOREWORD

讓吐司變身
的夢幻魔法

。

拍出美照的小道具

。

陪襯高顏值吐司，除了不同款的吐司和各式各樣的食材，
餐具、背景、裝飾擺設品等，在整個畫面也扮演重要角色，
色系和風格的營造，也都托這些利器的福才能有更多的變化和加分，
以下和大家分享及介紹我的擺盤愛用品和實用器具。

擺盤的路上，我從懵懵懂懂的「隨手一拍」，
到開始注意整體色調搭配、光源有無均勻、
該擺什麼裝飾才更和諧好看，漸漸愈走愈投入。
但我們不需要鑽牛角尖的擺設，或給予自己拍攝的壓力，
來製作一份賞心悅目的成品。
喜愛「看」美食照或喜愛「拍攝」美食照的我們，
都是為了取悅和療癒自己而開始，所以輕鬆就好，
一旦覺得太過了，那就以自己最舒服的方式和標準去進行，
我想這也才是好好享受生活的方式，以及對自己好的方式。

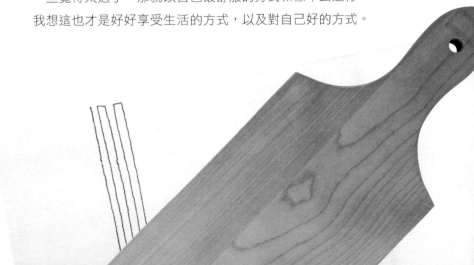

愛用餐具

這 5 支鍍金餐具是我的愛用品，金色表面被光線照射的光澤實在太美，是立刻提升桌面質感的最關鍵要素，這本書也幾乎都是這 5 支餐具輪流登場亮相，我對他們是情有獨鍾呀，自從買來後就頻頻曝光。但因為鍍金怕掉色有安全疑慮，我只用作擺盤，沒有實際使用，要開吃的時候，使用的是另外的不鏽鋼刀叉（笑）。如果各位更考慮實用性的話，我會比較推薦不鏽鋼、銀器或是確定有安全保障的鍍金餐具。

全黑或全白的餐具也很百搭，唯一要多加注意白色可能會過曝，黑色可能會過暗而已。木製餐具也行，可以展露更多鄉村田園的浪漫氣息。就看看各位更喜歡什麼樣的風格。

吃吐司究竟用不用得到刀叉呢？無論你是手抓派、筷子派、湯匙派，最引人遐想美好的用餐畫面，應該是非刀叉莫屬的吧。

愛用杯盤

照片的重心和重點一般都會落在吐司身上，所以承裝它的容器自然也
會成為焦點。我建議選擇無任何印刷和圖案的盤子，色系方面若沒有
特殊偏好，白、灰、黑，是最百搭也最容易駕馭的。盤子可有些立體
浮雕、簍空、自然的紋路，以下這些盤子都是我精挑細選所購入，已
經使用好一陣子的愛將，每個盤子的價位大約落在 300 到 500 元上下，
購入點大多為國內、家較知名的幾個居家品牌，提供給大家做為參考。
至於我最愛使用的杯組，是銀行贈與的外邊鍍金瓷杯（笑），他本身
清新簡單的風格非常百搭。但我也會依照畫面風格選擇小鐵盤杯墊，
或木製杯墊，我最愛用的這兩款是在瑞士一間百貨 Manor 所購入，bon
appétit 的意思即是法文的好好享用、請慢用，非常襯擺盤時那種既愜
意又浪漫的畫面。

愛用裝飾

桌布

麻質或是棉質的桌巾，幾乎
可以在我每一張寫真照片裡
出現，我很喜歡利用他們來
增加畫面的層次，皺折隨手
一抓擺上餐盤就很有質感，
倘若有湯汁滴到布料、拍照
桌墊，也能輕易清洗。

乾燥花

如果你手邊沒有任何適
合擺飾桌子的小物，乾
燥花是很好取得，也很
好保存的選擇，滿天星、
楓葉、卡斯比亞草、玫
瑰葉⋯⋯依個人喜好選
擇即可。小小建議，希
望買到百搭的乾燥花，
大地色系會更合適。

蠟燭

蠟燭給人一種愜意、舒服的視覺和氣味效果，就算不點燃也是很好的點綴，可以在許多雜貨店裡找到最簡單的，白色無味小蠟燭和小玻璃燭台。

明信片

大家家裡應該都有唾手可得的明信片或卡片，即能勾起回憶，又能搭襯美食。色系和諧的風景明信片、手繪插畫、排版文字，都很能勝任加分小道具。

其它

其餘我常使用的還有雜誌、棉線、木托盤等等。如果剛開始拍，沒有任何適合的擺設道具，手鐲、手錶、果醬罐、報紙、玻璃杯等，有什麼就用什麼！色系一致、保持整體乾淨、有秩序即可。

愛用背景

背景底，是決定整張照片會呈現什麼樣風格的關鍵，當然可以使用家
用桌子本來的紋路，也會更有自己的個人特色（畢竟大家桌子都不一
樣嘛），但如果家裡桌面不適合拍照，大理石、石紋、木紋、沙粒、
裂紋等印樣，是能秒讓畫面升等的素材。而大家最好奇的背景「材質」，
選擇真的也很多，市面上以布面、PU 材質餐墊、防水紙材等印刷品為
最大宗。挑選時盡量以防水、防反光的霧面材質為優先考量，反光更
是要盡量避免，因為天氣不穩定，一定是開室內燈光拍攝，天花板上
的照射會讓亮面材質反光的很嚴重。至於背景底該怎麼選購大小，我
的經驗和建議是比盤子大上 3 ～ 4 倍的面積，才不至於容易露出馬腳，
或是拍得很受限（笑）。

拍攝器材

此次使用的相機是 Canon g7xII，如果考慮入手一台想長期使用，但又不會太專業、太難操控的相機，十分推薦你們這台，價格在入門相機裡也還算親民。如果只是想要上傳到社群，無需製作、拍攝成影片，甚至無印刷、出版的需求的話，手機即可！濾鏡和色調稍微調整一下，手機就能夠驚艷你的親朋好友（開始接受朋友開始討吃的訊息轟炸吧XD）！我會這麼說是因為希望大家不要衝動購物，好好評估自己到底有沒有長遠的需要更為重要，不然這筆錢砸下去，吐司或其他早餐美照做 3 天就疲乏，這筆錢花得太冤枉了，所以手機非常棒！推薦大家先以手機拍出習慣！

而腳架也同理，我因為拍攝影片、或是需要特殊畫面，四角腳架（俯拍腳架）是我的必備利器之一，但大家若無特殊需求，就像外出平拍美食照，手懸空於上方即可，畢竟有影子的時候，腳架並不會比手還要高級（笑）。

拍攝燈光

如果愈拍愈有心得，應該不難發現影響一張照片最致命的一點，就是光線！自然光的效果比室內燈光還要均勻和自然，想必喜歡拍照的大家都聽過這一點，自然光是全面的照射，比較不會因「俯拍」而產生太明顯的影子。除非房間、拍攝地點的採光不好，不然盡可能是在窗邊拍攝，如果太陽太大時，陰影會比較重，陰影面也可以打些人工光，環形燈可以彌補這樣的麻煩，但這個器材我不是很推薦大家入手，因為對日常興趣的拍攝來説有些太多餘、太專業了，正對陰影面多開一盞室內燈，也可以緩和陰影太黑、吃掉細節的問題。

我住在北台灣，天氣不是特別穩定，三不五時就來一場雨或烏雲密佈，所以使用室內光拍攝也是家常便飯，除了提及的環形燈，在家裡前後都開燈，也會讓整體光線比較均勻，但手懸在上空俯拍，影子通常會比日照光還要明顯許多，小訣竅就是，可以選擇深色的背景底，看起來就一點都不明顯囉！

最常搭配的食材、抹醬

大家翻閱這本書時，會頻頻看到以下這些食材，這些都是我覺得最好
搭配，也容易擺得又美又有層次的食材，提供給大家參考囉！

奶油起司抹醬

奶油起司配合水果、生菜等做成輕食是再好不過。白色的抹醬襯底，
能讓整體亮起來，畢竟很少食材本身就是白色的，是我最喜歡拿來製
作層次的選擇。

花生醬

建議大家可以買粉狀花生醬，粉狀花生醬可以依自己喜好，加水調成濃稠或水狀，濃稠作為抹醬使用，稀釋成水狀就可以像淋醬般淋撒在上層，變化較多，非常方便。

蜂蜜

最後淋在吐司上層使用。

玉米碎片

適合用在水果吐司上，增加一點甜甜脆脆的口感，能補強、豐富整體畫面。

白芝麻、黑胡椒

最後撒在吐司上層使用，因為顆粒較小，非常適合營造最後的層次。

最常搭配的飲料

無糖鮮奶茶是我最常泡也最喜歡的飲品，鮮奶：水比例為 1:1 下去調和，加熱滾沸後加入紅茶包靜置攪拌一下，就完成哩！夏天時可以前一天先做好，冰入冰箱，隔早就可以喝冷或冰的啦。鮮奶茶的顏色給人一種清新爽朗的柔和氣質，是很好的陪襯品。

熱可可則是我冬天的第一選擇，選用低糖或無糖的可可粉去沖泡，深可可的色調在冬天散發溫暖的氣息，看著看著就溫暖人心（笑）。

不喜歡甜飲的朋友們，紅茶、綠茶、花茶等茶類，可以在擺盤時露出茶包標籤，不用急著把他們瀝起，這樣畫面看起來會比較活潑和有變化。因為我不喝咖啡，所以畫面完全沒有拿鐵或咖啡現身，喜歡咖啡的人，完全沒問題，咖啡本身就是既浪漫又有情調的飲品，非常適合拍照的。

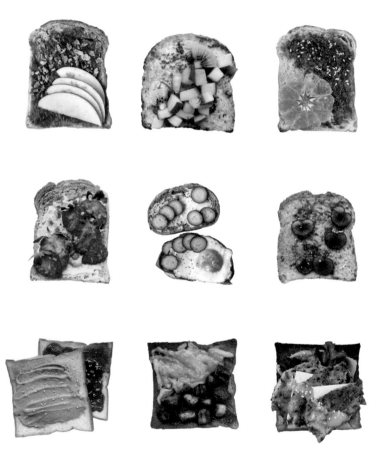

CHAPTER 1
女孩時光

。

在那些屬於女孩的小小時光裡，
展現你的巧思，創作美味又可愛的甜點。
邀請朋友來一場簡單的午茶派對，
談談天、說說話，分享生活中的喜怒哀樂，
還有那一段深刻且甜蜜的戀情。
然後，嘗一口吐司的美妙滋味吧！

。

熟女午茶
甜橙蔓越莓

Quote / 生活絮語

愈來愈認同一生中有很多學習和成就是串連在一起的。以前怎麼也沒有想到學習設計還有美感，可以應用在早餐上；沒有想過被逼著學習的無聊地理、歷史知識，可以在留歐讀書、旅遊時發揮極大的效益。那些我們曾經認為沒有用的學習，或許都會在未來漸漸發酵、在想像不到的時刻展現成效。急著判決一種知識的實用與否，確實都為時過早。能學習更多總是好的，我正在慢慢理解這回事。

材料

吐司

蔓越莓果醬

橘子、柳橙皆可

白芝麻粒

作法

1 吐司進烤箱烘烤 7 分鐘

2 拿出來後抹上蔓越莓果醬在右上半部
  （當然整片也可以啦！）

3 將橘子（或柳橙）剖面切一片、去皮

4 鋪至左下角，讓畫面呈現左下、右上的
  和諧比重

5 撒上一點點的白芝麻粒即完成

末羊子的
擺盤秘技

我一直很喜歡用「平衡比重」的方式去做一些不一樣的變化。譬如使用上對下、左對右、左上對右下、右上對左下等等，這會是一個很好的構圖方向，大家可以看看很多很漂亮的畫面，也都會運用這樣的切線來擺放和拍攝。說得這麼複雜，其實就是重心對稱的概念，想像成「分一半」來擺放，這樣既有變化，也聽起來容易多了對吧！

蔓越莓果醬

橘子、柳橙

午茶派對
焦糖水梨

Quote / 生活絮語

開始拍食物寫真照片後，常常會被問：「拍完是不是就冷掉了？」我得很誠實地點頭，對，沒靈感怎麼拍比較好的時候，真的就冷掉了（笑）。我通常會再丟回烤箱給他加熱幾秒。拍食物照是一種興趣，但倘若沒想要拍，順從自己的心，直接把它們吃了也是常見的事，不為了發表到社群而拍照，不為了虛榮而拍，是我認為讓我一直持續到現在的主因之一，做一件事能自娛也娛人，這很重要呀～

材料

吐司

焦糖醬

水梨

原味或甜味玉米片碎片

作法

1 吐司進烤箱烘烤 7 分鐘

2 拿出來後抹上焦糖醬

3 水梨切片、以扇形擺在右下角

4 將原味（或甜味）玉米片捏碎，撒在吐司上，即完成

末羊子的擺盤秘技

水梨以「扇形」擺放，將尾端視為中心點，像扇子一樣散開。聽起來好像會過於浮誇，但擺放角度稍微轉向些，就會形成不同的感覺。玉米碎片撒在上頭，看起來像是被烤焦一樣酥酥脆脆的。整體以大地色系的同色調搭配，嘗起來的感覺甜在心頭，也美得不要不要。

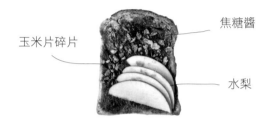

玉米片碎片

焦糖醬

水梨

少女心爆發
草莓起司

Quote / 生活絮語

這是我命名最快的一款吐司,草莓總是激發我的浪漫少女心!每次在超市或市場看到又亮又紅的草莓,真的都很想抓一盒走!雖說物以稀為貴,若排除價格和農藥不談,酸酸甜甜的滋味和它本身自帶的高顏值,絕對不用花什麼腦筋、下什麼功夫,就能輕鬆在吐司料理裡閃閃發光!

材料
吐司
奶油起司抹醬
新鮮草莓
原味或甜味玉米片碎片

作法
1. 吐司進烤箱烘烤 7 分鐘
2. 拿出來後抹上奶油起司抹醬
3. 草莓垂直切片,鋪在吐司上
4. 再將原味(或甜味)玉米片捏碎,撒上即完成

末羊子的擺盤秘技

很常被問的問題之一:「草莓的葉子沒有剝掉,要怎麼吃?」咬到葉子還要吐出來耶?如果沒有想要進攻擺盤的世界,沒錯!請直接剝掉 >_< !一切都是幌子!我自己也都是摘掉後才咬下去的(笑)!為了提升畫面上的美味程度,讓顏色豐富一點很重要!有紅有綠,看起來就不會太死板單一。「讓顏色和諧、多元」是擺設好看很重要的一環。

甜蜜風情
法式蘋果吐司

Quote／生活絮語

第一次知道法式吐司作法原來是這麼簡單的時候，真的是驚呼一聲居然呀！畢竟聽到「法式」都不自覺會覺得是高級、精緻又繁瑣的功夫，我在歐洲時吃了一次學生練習的 fine dining（譯作精緻餐飲），初次嘗鮮的我，真無法想像，餐盤上的食物就像作品一樣，同時要顧慮到擺盤、香氣、色調、食材新鮮度以及比例

等等，散發高貴的氣場。但便宜平價和高貴奢華的美食各有其特色和價值，簡單的製作方式就能很美味的話，我還是照樣買單的（笑）。

材料

吐司

牛奶 50ml

雞蛋 1 顆

蘋果

奇異果

蜂蜜

作法

1. 將雞蛋打散

2. 加入牛奶，攪拌均勻

3. 把吐司正反兩面吸飽蛋液體，靜置約 5 ～ 10 分鐘以上

4. 少油下鍋用小火將作法 3 煎至金黃，有紋路即可起鍋

5. 蘋果切丁，下鍋無油翻炒一下

6. 奇異果切丁

7. 吐司上擺上熱熱的蘋果丁及奇異果丁

8. 淋上些許蜂蜜即完成

末羊子的擺盤秘技

蜂蜜像細線、細絲一樣的淋法，除非有尖嘴口的容器、或裝入袋中剪個小口緩緩擠出，不然挺困難的。我使用的替代方法是，使用抹醬刀沾上蜂蜜後，再慢慢滴到我想要的位置上面，一開始可能不太好控制，但熟悉以後覺得這樣挺方便的。

甜蜜愛戀
法式蜂蜜櫻桃

"You don't always need a plan. Sometimes you just need to breathe, trust, let go, and see what happens."
—— Mandy Hale

「你不需要永遠都有計畫。有的時候你只是需要讓自己好好地呼吸一下、去相信、願意放手，並靜觀其變。」
——曼蒂・黑爾

倘若你跟我一樣，是性格比較急或是野心比較高的人，有時候就是會

不小心把自己逼緊張了。可能因為趕不上變化、可能因為猜不透下一步該怎麼走才是最好的,所以總在為那些不確定的因素,或那些不確定的結局感到惶恐和疲倦。但我們終究不可能留住所有希冀的人、事、物或機會,把握緊的拳頭放鬆一些,我們盡力就好。

材料

吐司
櫻桃
雞蛋 1 顆
牛奶 50ml
蜂蜜
玉米脆片

作法

1 將雞蛋打散,再加入牛奶,攪拌至均勻

2 將吐司放入作法 1 中,正反兩面吸飽蛋液後,靜置約 5 ～ 10 分鐘以上

3 鍋內放少許油,吐司下鍋後小火煎至金黃色,有紋路即可起鍋

4 櫻桃垂直切片,成愛心形狀

5 吐司上擺上切片櫻桃

6 淋上些許蜂蜜,再撒上些許壓碎過的玉米脆片即完成

末羊子的擺盤秘技

櫻桃垂直切片後會成為非常可愛的胖胖愛心,自帶漸層的色調,本身就不需要太多的裝飾,或者是說,建議不要有太多裝飾,才能更好地專注在其中。有疏有密的平均擺放,搭配法式吐司高質感的紋路,偽奢華下午茶就完成了(笑)。

PB & J
花生果醬

Taking a less is more approach to creating beautiful and breathable spaces.

我以前東西堆滿了整面櫃子、整面牆，但卻還是有無窮無盡的購物慾望，總覺得衣櫃少一件衣服、鞋櫃少一雙高跟鞋，看到可愛的冬衣就無可自拔，花錢如流水，以犒賞自己之名義愈發愈激烈。

自從認識斷捨離和極簡主義後，徹底改變我的購物慾望和生活空間。「少更能創造美麗和能呼吸的空間。」這句話也應證在無數個極簡主義者身上。我們需要的其實不多，我們真正喜歡的也不多，一個具有呼吸空間的房間，或一個具有呼吸空間的畫面，清爽又乾淨的模樣就自帶魅力，這也是我正嚮往和極力追求的，而這能印證在無數的生活道理之中。

材料

吐司 2 片
花生醬
果醬（任何口味都可以，這裡示範綜合莓果）

作法

1　將 2 片吐司送進烤箱烘烤 7 分鐘
2　其中 1 片抹上花生醬，另 1 片抹上果醬
3　將 2 片吐司疊起，即完成

末羊子的
擺盤秘技

在吐司上抹抹醬的時候，尤其是花生醬、巧克力抹醬、奶油起司抹醬⋯⋯較容易有紋路的，我個人偏好用小湯匙或茶匙的背面沾取再塗抹，能夠更圓滑，也比較不會有太尖銳的痕跡，看起來比較柔和、優雅。

果醬

花生醬

都會輕食
小黃瓜荷包蛋

Quote / 生活絮語

有時候，我會收到朋友或是網友形容我是一個幹練的人，給予我做事好有效率這樣的評價。其實我也是個極度愛拖延的人，但有個小領悟是，如果做了某件事能帶給我成就感，那種運轉自己的動力就會明顯高昂，進而形成一種良性循環。好比拍食物照帶給我不少快樂，便會推進我早起且充滿活力地走入廚房。

材料

吐司

奶油起司抹醬

生菜

小黃瓜

雞蛋

羅勒、巴西里皆可

作法

1 吐司進烤箱烘烤 7 分鐘

2 拿出來後抹上奶油起司抹醬，再鋪上 1～2 片生菜

3 小黃瓜切片後，酌量鋪上吐司

4 煎 1 顆荷包蛋，鋪在吐司上

5 撒上羅勒（或巴西里）即完成

末羊子的 擺盤秘技

————————

小黃瓜是個很好變化的食材，切薄片是最淺顯易懂的一種方法。切片時可薄切可厚切，同香蕉片一樣，一字排開、分開排放，或甚至隨便擺就會很好看。可以遵循上下左右比重去做調整，但像我常常覺得懶惰，大多時候都隨意擺一擺，料理的顏值就出乎意料的高了（笑）。

雞蛋

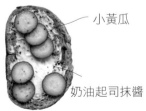

小黃瓜

奶油起司抹醬

美味巧思
焗烤蘑菇

Quote / 生活絮語

常常會有人問我拍照的背景是桌子本身的紋理呢？是卡片？還是桌巾？答案是通通都有，市場上為因應平拍（flat photography）的需求，出了許多防水、防反光的霧面紙材、卡片或是桌墊，也有雖不防水，但較有溫度的桌巾、布料桌墊。我建議大家先別急著把「布置」當作非要不可的重點，拍出一點興趣，持續一段時間，了解自己的熱忱到底有多深，再來考慮都不遲。這類商品在網路上非常好買，但因為使用時機就只有拍平拍照片，其餘時間並無太大實用性可言。

材料

吐司

番茄醬

蘑菇

莫札瑞拉起司

作法

1 蘑菇切薄片後，加入些許橄欖油下鍋翻炒至熟透

2 吐司抹上番茄醬後，撒上莫札瑞拉起司

3 鋪上炒好的蘑菇

4 將吐司送進烤箱烘烤 10 分鐘，直到起司融化，即完成

末羊子的擺盤秘技

如果是一般的蘑菇披薩，起司會擺在蘑菇上頭，但這次我們反向操作，把起司放在蘑菇之下，如此一來，蘑菇的輪廓清晰可見，還能看到下面融化在一塊的起司軍團，想吃程度是不是更加逼人呀（笑）！

莫札瑞拉起司

番茄醬

蘑菇

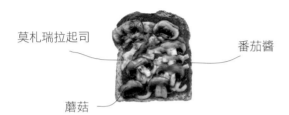

經典變身
花生起司豬排

Quote / 生活絮語

起司豬排吐司在外面早餐店絕對是熱銷又經典的餐點之一，有些稍精緻的早餐、早午餐店，一份賣到 60、70 元以上也不奇怪。一開始自己學著料理三餐，除了想著「我也做得出類似的」「我要做出健康版本的」再來想到的就是絕對比外食省。如果單看幾餐的成本來說，可能確實是如此，但為了健康、多變化、不膩等顧慮，買下來的成本其實也不會相差到太多，一個人的自煮生活真的不是太容易。如果

金錢壓力不是太大，我想我們就還是別太在乎價錢，吃出健康和習慣才是更重要的。

材料

吐司
生菜
起司片
豬肉片
花生醬
白芝麻

作法

1 吐司放進烤箱烘烤 7 分鐘

2 吐司抹上花生醬，擺上生菜

3 煎 2～3 片豬排至表面金黃

4 起司片斜角對半切

5 作法 3 與作法 4 穿插疊放

6 淋上花生醬，再撒上些許白芝麻，完成

末羊子的擺盤秘技

有時候烤吐司不小心多烤了幾分鐘而有些焦、顏色偏深時，是讓起司片、花生醬當第一層底的最好時機。大膽的塗「滿版」，或是故意讓第二層食材不是完全覆蓋掉，讓畫面有深淺交錯，有了層次就又帶出美感來了。

為愛料理
烤起司馬鈴薯

Quote / 生活絮語

開始自煮生活以後，因為喜歡把照片傳至社群上，常常收到「妳什麼時候做給我吃？」這樣的回應。我的家人、男友也無一例外地問過一樣的問題。起初我因為不是太有自信，所以不太願意。因為我認為，對於習慣外食的人們來說，簡單的手作料理絕對會嫌棄太過清淡、無味，何況我總是弄的漂漂亮亮。好不好吃？我掛不出保證（笑），所以難免會擔心是不是會不合別人的胃口。

但我想這其實也是一份心意，實際做給心愛的家人朋友後，他們反而能給我一些意見回饋，也願意吃得更清淡健康，現在倒是挺享受餵食他們的，要擔心的反而是早上手腳不夠快，他們要吃了，我卻還沒做好啊～

末羊子的擺盤秘技

馬鈴薯塊可以烤焦一些，讓顏色上色深一點，用深色去平衡起司偏白的色調，不僅能防畫面曝光過度，也能讓整體色彩層次有些復古，感覺就像老舊美式餐廳的風格。

材料

番茄醬
馬鈴薯
莫札瑞拉起司
黑胡椒

作法

1. 馬鈴薯切小塊後，淋上些許橄欖油，進烤箱烘烤 15 ～ 20 分鐘
2. 吐司先抹上番茄醬打底，然後在吐司左上角撒上莫札瑞拉起司
3. 吐司進烤箱烘烤 7 分鐘
4. 擺上烘烤完的馬鈴薯塊
5. 撒上黑胡椒粒，即完成

油畫吐司
調色抹醬

自從做完油畫吐司之後，
我開始對擺盤這件事有了
更深的著迷，並不是能擺
出多麼千變萬化的方式，
而是簡單打扮餐盤和餐桌
成了我的一件樂事。在歐
洲上學時因為物價太高，
鮮少外食，每天吃一成不
變的自煮料理，難免有些
無聊和不甘心，看到在台
灣的朋友們常常上有質感
的餐廳拍美照，於是我起
了念頭：「要不我自己做
做看吧。」才發現原來自
己能做的變化有這麼多，
也受到這麼多人喜歡。明
明是簡單的食材和擺盤，
卻引來這麼多友好和崇拜
的掌聲。因為自娛娛人，
所以莫名其妙的就一路做
到了現在。

材料

吐司

奶油起司

有色天然調粉、醬料（抹茶粉、綠茶粉、紅茶粉、紅麴粉、芝麻醬等等，依喜好自行決定）

作法

1 將奶油起司與有色的天然調粉混合成不同顏色的抹醬

2 使用湯匙背面沾染抹醬，可用不同顏色交替沾染，一步步抹上吐司即完成

末羊子的 擺盤秘技

————————

油畫吐司的畫法並沒有任何的規則可循，利用湯匙背面在吐司上隨意作畫吧！

圖案可以是交疊的色彩、夕陽、彩霞、斜角對切或是格狀創作，透過色彩搭配，油畫吐司可以有很多種變化，我也是想到什麼就撒什麼（笑）。

紅茶粉、紅麴粉

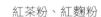

抹茶粉、綠茶粉

CHAPTER 2
童話故事

。

吃一口吐司，讓你進入童話世界，
展開一場前所未有的冒險，
遇見巫婆、皇后，還有正在微笑的太陽。
找到惡魔的配方，
還有一朵盛放的奇異玫瑰，
編織屬於自己不一樣的故事！

。

巫婆的點心
蔓越莓南瓜子

不知道大家有沒有吃過巫
婆的手指餅乾呢？巫婆的
代表顏色有深墨綠、深咖
啡或黑色、飽和度低的咖
啡橘。當時萬聖節看了巫
婆手指的餅乾食譜，為了
讓吐司也跟上萬聖氣氛，
意外的搭出了這款「巫婆
的點心」，很酷的味道，
很好吃唷！

材料

吐司

花生巧克力醬

奶油起司抹醬

南瓜子

蔓越莓乾

白芝麻粒、椰子粉皆可

作法

1 吐司抹上花生巧克力醬當底

2 進烤箱烘烤 7 分鐘

3 拿出後在上半部抹上奶油起司抹醬

4 斜對角地撒上南瓜子、蔓越莓乾

5 再於全吐司上撒上一點點的白芝麻粒
（或椰子粉）

6 視個人需要，再淋上一些些花生巧克力
醬裝飾，即完成

**末羊子的
擺盤秘技**

———————

蔓越莓乾和南瓜
子的斜式擺法，
能夠製造出 4 個
口味唷！

1 奶油起司抹醬

2 奶油起司抹醬
＋蔓越莓乾＋
南瓜子

3 花生巧克力醬
＋蔓越莓乾＋
南瓜子

4 花生巧克力醬

在擺盤的時候，
有時方正對齊、
有時傾斜歪倒、
有時不規則狀，
這些都可以讓畫
面更有層次、亂
中有序。

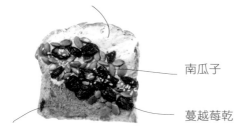

奶油起司抹醬

南瓜子

蔓越莓乾

花生巧克力醬

黃金鼠
地瓜起司

Quote / 生活絮語

部分喜歡看我 Youtube 介紹食譜的觀眾，可能會由於我都做低油鹽的食譜，所以會主動詢問「這樣吃可不可以瘦？」。控制體重真的只有選對食物，少吃多動這個原則，才會瘦得健康和持久。我想有意減肥的朋友，搜尋資訊時一定會被推薦吃地瓜。地瓜擁有較低的 GI 值，可以讓飽足感持續的更久，血糖也比較不容易一下飆升、又一下下降，影響精神。但切記地瓜的熱量沒有特別低，吃多了還是會攝取很多熱量的。

材料

吐司
起司片
地瓜、地瓜泥皆可

作法

1 將地瓜蒸至熟透軟爛，去皮後壓成泥
2 吐司擺上起司片，進烤箱烘烤 7 分鐘
3 取出吐司後，再抹上地瓜泥即完成

末羊子的
擺盤秘技

起司片可以對切再對切成 4 片，單片吐司上各斜對角放 2 片，形成斜格狀，這樣可以讓畫面呈現比較不死板、有些變化。

紅心皇后
紅豆起司

Quote / 生活絮語

常常會有人問我靈感從哪裡來，怎麼想出這麼多搭配的方法？怎麼知道什麼配什麼會好吃？我想了想，應該是因為很喜歡逛超市吧（笑），如果只買最熟悉的那幾樣，無形中可能會忽略很多別的選擇。仔細看看貨架上的商品，好比蜜紅豆罐頭就不是那麼常見，但買得到的好物，對紅豆控的我來說，可真的是遇上了，就不願意說再見呀（結帳去）。

材料

吐司
蜜紅豆（罐頭）或紅腰豆
切達或莫札瑞拉起司

作法

1 蜜紅豆（或紅腰豆）壓碎後，鋪上吐司斜對角的下半邊

2 切達（或莫札瑞拉）起司鋪上另一側

3 吐司送進烤箱，烘烤 10 分鐘直到起司融化，即完成

末羊子的擺盤秘技

這次選用橘橙色的切達起司，能讓整個畫面更有亮點，橘色和酒紅色的蜜紅豆也有和諧跟撞色的視覺效果。如果選用淺米色的莫札瑞拉起司，也許會因為起司顏色和吐司顏色較為相近，比較沒有層次，這時候可以改變作法，在吐司底層鋪滿蜜紅豆，再撒滿莫札瑞拉起司！天啊，講得我都要餓了。

奇異玫瑰
奇異果巧克力

Quote / 生活絮語

大家最願意高額花費的「東西」什麼呢？我曾聽過一個很棒的答案，我的朋友說她最喜歡花錢「買時間」來陪伴重要的人。好比縮短路程時間，她偏好搭計程車而非公車，因為節省下的時間，就可以多陪阿嬤半小時。光就這份心意和願意花掉的這筆錢來說，就實在是令人覺得暖心呀。

材料

吐司

原味優格

奇異果

玉米碎片

巧克力

蜂蜜

作法

1 吐司進烤箱烘烤 7 分鐘

2 用湯匙背面沾優格,在吐司中心以圓形狀塗抹

3 奇異果去皮後,以較長邊為基準線,對半切成半圓形狀

4 任選其中一半,以較短邊為基準線,切成薄片(愈薄愈好,太軟的話可以切厚一些),這時候別讓奇異果的形狀散開

5 將奇異果切片水平展開,相疊的延展成一直線,並從任一邊最為起始點,往後捲起

6 小心地的把奇異果擺上吐司,可使用刀面輔助取起

7 玉米脆片壓碎後,撒在吐司上,再將切碎的巧克力也撒上去

8 淋上蜂蜜,即完成

末羊子的擺盤秘技

對我而言,想要快速上手捲出食物的玫瑰花,最適合初學者(包含我自己)的食材就是奇異果和酪梨。選對一顆不硬又不軟爛的奇異果很重要,太軟的話,連切的時候都可能會垮下,所以如果發現不好切,就只好放棄造花,換成另外一種切法了(笑)。

惡魔的配方
Oreo 餅乾

"Cut negative people out of your life. The people you spend time with influence your attitude and thoughts more than you think." ——Unknown

「離開那些帶給你負面情緒的人吧,負能量帶給我們的影響遠遠超乎你想像的。」

看到這則 qotd (Qoute of the day),內心是邊點頭邊按讚的,但很快地看到下方有一則留言說到:「我也認同,但是如

果你身邊的人正在經歷低潮,拜託!不要離開他們!請幫助他們,讓他們和你一樣閃閃發光,活出正面能量。」

排除難以撼動的個人特質,我想大部分的人都是很願意拉身旁的好朋友、重要的人一把,而那些我們不是太熟悉的人,也許一句正能量的話,或是陪伴,也有機會讓他們好過一些。

材料
吐司
奶油起司抹醬
Oreo 餅乾

作法
1. 吐司進烤箱烘烤 7 分鐘
2. 抹上奶油起司抹醬
3. 將 Oreo 餅乾的奶油刮除,餅乾的部分敲壓、打碎
4. 把餅乾塊平均擺放在吐司上,餅乾屑撒於吐司周邊,即完成

末羊子的擺盤秘技

Oreo 餅乾本體顏色非常黑,可藉由奶油起司抹醬的白,映襯出存在感和界線,也建議在有充足光線時拍攝,好的自然光才能讓餅乾的紋路浮現,不至於看起來烏漆嘛黑一片。有沒有遇上好的自然光,會讓食物的美味感覺差很多唷!

編織吐司
起司火腿

Quote / 生活絮語

不知道大家在吃早餐的同時，還會一邊做什麼呢？雖然醫師和疾病研究報告都曾指出邊吃邊看電視對健康、對消化、對品嘗，都是較為不好的行為。但這對我而言，就像毒癮一樣，是一大享受呀。特別是在獨自一個人的時候，一邊咬著自己的手做早餐、一邊沉浸在美劇、卡通、youtuber 影片裡，兩大享受一起滿足，還能節省時間（亞洲人的生活步調實在太快了），所以總就這麼一頭栽進劇情的世界裡……想必很多人也跟我一樣身陷這個泥沼對吧。（笑）

材料

吐司
起司片 1 片
火腿 1 片

作法

1 起司片和火腿直切 5 刀、橫切 5 刀，切
   成正方形

2 將切好的起司和火腿丁穿插擺放，做成
   棋盤狀

3 進烤箱烘烤 7 分鐘，即完成

> ### 末羊子的
> ### 擺盤秘技
>
> ─────────
>
> 如果手邊沒有太多擺盤道具，自己加菜就是最簡單的做法。可以利用簡單的水果切片、炒蛋、或是堅果作為陪襯的材料，也可以得到很好的點綴效果。

起司片 ——

火腿

花椰菜兄弟
雙色花椰菜

Quote / 生活絮語

我有時會徘徊在要不顧一切的吃呢？還是努力拒絕卡路里的攝入？當有吃披薩的口腹之慾，又怕高卡路里之時，倘若配料是滿滿的蔬菜，絕對能稍微平衡正邪兩端的拉鋸。這款吐司吃起來口感就像披薩，完全不會覺得像在自我欺騙。現在外面的美食誘惑太多，大多外食太油膩，想吃點好康，我更傾向自己窩在小廚房裡做點「不那麼邪惡」的配方，對抗嘴饞一樣有效。

材料

吐司

綠花椰菜

白花椰菜

披薩起司（莫扎瑞拉起司）

作法

1. 將綠花椰菜、白花椰菜都洗乾淨，蒸煮至軟爛

2. 將作法 1 切成小塊，交錯鋪在吐司上

3. 撒上披薩起司

4. 吐司進烤箱烘烤 10 ～ 15 分鐘，披薩起司呈現金黃、有些焦脆即完成

末羊子的擺盤秘技

———————

兩種花椰菜可分別切小段一點，吐司因為表面積不大，上面擺放的料看起來足夠豐富，吸睛程度會更加提升。兩色花椰菜交錯擺放的同時，若是選用雙色莫扎瑞拉起司撒下去，整體顏色就會變得更加多元，有深色、有淺色、有黃色、有橘、有綠色、有白，光看就流口水！

綠花椰菜

白花椰菜

微笑太陽
培根荷包蛋

Quote /生活絮語

需要控制卡路里的時候,最不會想碰的就是加工食品,不過久久吃一次,也不至於太有罪惡感。養成選擇少油、少鹽、少糖的飲食習慣之後,反倒會覺得過於油膩的東西不是那麼誘人、那麼令人無可自拔。但當我初次看到這包培根上大大的標示著低脂、減去 50% 熱量時,還是有點欣喜若狂。

材料

吐司

雞蛋

培根

黑胡椒粒

作法

1 吐司先放進烤箱烘烤 7 分鐘

2 煎 1 顆半熟荷包蛋,放在吐司上

3 再煎 1 片培根,放在吐司上

4 最後撒上黑胡椒粒,即完成

末羊子的
擺盤秘技

因為我選用低脂的培根,煎起來之後又直又扁,看起來實在有些死板,所以我試著把它扭曲、旋轉起來,讓整體看起來更俏皮也更立體。如果選的培根煎起來,邊緣正好有浪漫又酥脆的皺摺,可以把它壓在半熟太陽蛋之下,只要露出皺褶的部分,這樣也會很有層次唷。

經典不敗
草莓香蕉

Quote / 生活絮語

最風靡俯拍吐司美照界的食材搭配，我想非切片香蕉莫屬了，經典必吃並不是要大家完全依循著這樣的食材搭配。只要把香蕉切片斜著鋪上，不論單吃還是搭配草莓、藍莓、酪梨、花生醬、巧克力醬、巧克力脆片等等，根據自己的喜好，可以做出各種變化，易上手，又高顏值，我想是所有俯視平拍吐司愛好者都嘗試過的口味。

材料

吐司

花生醬

香蕉

草莓

白芝麻粒或椰子粉

作法

1 抹上花生巧克力醬

2 作法 1 進烤箱烘烤 7 分鐘

3 拿出後先在下半部擺上切片香蕉，再於上半部擺上切丁草莓

4 在全吐司上撒上一點點的白芝麻粒（或椰子粉），即完成司融化，即完成

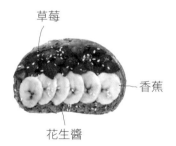

草莓

香蕉

花生醬

末羊子的擺盤秘技

香蕉切成薄片，層層交疊鋪上，其餘配料不管怎麼配、怎麼擺，顏值都會有一定高度！

如果香蕉切片鋪上後剩下很多，建議只用一半，一開始切的時候記得連皮一起對半切，多的另一半用保鮮膜封住果肉，當作下午點心！這樣就不怕一餐澱粉、卡路里飆太快啦～不過沒有刻意控制飲食的人，趁新鮮當場吃掉還是最好（笑）。

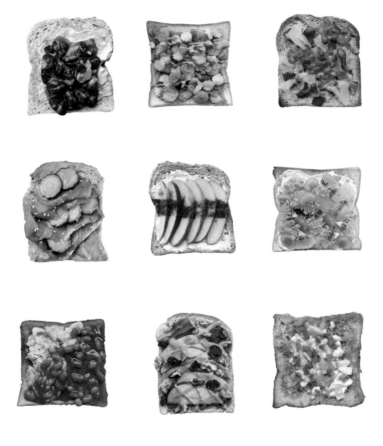

CHAPTER 3
旅途風景

。

走進歐洲莊園、鄉村小鎮，
享受涼爽的海風、熱鬧的慶典，
在不同的旅途中，體會這個世界，
學會換一個視角感知一切。
正因為在外面闖蕩過，
才能夠學會更珍惜自己所擁有的。

。

日式庭園
抹茶紅豆

Quote／生活絮語

歐洲冬天不開暖氣真的太冷了，零下的溫度讓人特別想來煮一碗咻燙燙的紅豆湯，殊不知除了亞洲超市以外，他們當地人不太吃紅豆的，當地的超市要看見紅豆是不太可能的。因緣際會下選了替代品紅腰豆，來試試不一樣豆款的滋味，起先還不太習慣，後面居然還有點迷戀上了。在台灣不管哪款紅豆都好買，果然還是台灣最好了。至於喜歡甜一點的話，日本的蜜紅豆罐頭也是讓我愛不釋手的選擇。

材料

吐司

奶油起司

抹茶粉

蜜紅豆、紅腰豆皆可

作法

1　吐司進烤箱烘烤 7 分鐘

2　將抹茶粉混入奶油起司當中，可以逐量
　增加，試出自己喜歡的濃度

3　將作法 2 完成的抹茶奶油起司，塗抹在
　吐司上

4　最後蜜紅豆（或紅腰豆）壓碎鋪上吐司
　即完成

末羊子的
擺盤秘技

————————

我想會喜歡這款
料理的人，應該
都是對抹茶很有
好感的人。如果
是抹茶愛好者，
不妨也泡杯抹茶
拿鐵搭配吐司，
讓整體畫面看起
來更「抹」吧！

要擺好這款配色
是非常容易的，
抹茶+紅豆本身就
是個養眼的視覺
組合，小心些，
只要不把顏色弄
得太髒，應該是
不容易出錯的。

抹茶粉

蜜紅豆、紅腰豆

水果嘉年華
葡萄鳳梨奇異果

Quote／生活絮語

"If you get tired, learn to rest, not to quit." ——Banksy

直到「捨得」給自己好好休息後，才更明白這句話的真諦。前些日子因為厭倦上班工作，下班剪片、寫文案、回訊息，假日更是拍片、剪片、想企畫等等，這樣無止盡的工作日常，讓我一口氣把特休全請了，跑去紐西蘭

旅遊了 10 天。充電的效果出奇的有效。有粉絲正好問我：「厭倦了現在的生活怎麼辦？」此時此刻的我會説：去遙遠一點的地方旅遊吧！當太多新奇的事物朝我們衝撞而來，帶領我們忘卻日常繁瑣情緒，更能讓我們有力氣繼續下去。

材料
吐司
奶油起司抹醬
奇異果
綠葡萄
鳳梨
玉米脆片

作法
1 吐司進烤箱烘烤 7 分鐘後，抹上奶油起司抹醬
2 將奇異果、鳳梨、綠葡萄切小丁後擺上吐司
3 最後將玉米脆片壓碎成小碎片，均勻撒上後即完成

末羊子的擺盤秘技

玉米脆片可以撒的大膽一些，但如果是手腳不快的人，吐司表層的玉米脆片可以在擺好桌飾、整體都就緒之後才撒上，因為水果水分多，容易把玉米脆片弄濕、弄軟，看起來就沒辦法那麼酥脆誘人。

另外，奇異果和綠葡萄顏色非常相近，為了配色考量鳳梨的數量可以略多一些。

涼爽的海風
冷燻鮭

/生活絮語

自從去了歐洲，就徹底愛上了燻鮭魚的料理，不論冷吃還熱食都實在太美味！三明治、漢堡、蛋餅、吐司……任何！搭配起來通通沒問題！在歐洲應該算是非常好買，但在台灣就不然了，附近的連鎖超市通常不見它的蹤跡。矛盾的是，我身邊的朋友都對燻鮭魚有很高的接受度和喜愛度，評價都是相當好的！

材料
吐司
花生醬
生菜
燻鮭魚
小黃瓜
白芝麻

作法
1 將吐司抹上花生醬，進烤箱烘烤 7 分鐘
2 取出吐司後依序鋪上幾片生菜、切片燻鮭魚、小黃瓜
3 淋上花生醬，撒上些許白芝麻粒即完成

末羊子的擺盤秘技

我使用粉狀的花生醬，可以加水調成自己想要的濃稠度。加少量水會變成濃稠的花生醬，水加多一些則會變成淋醬（較為稀的花生醬）。濃稠度高的可以用來抹吐司，濃稠度低的可以淋在吐司上方，點綴 Toppings 時是很好運用的利器，可以同時增加層次和視覺效果，是在乎擺盤很好的選擇，但就要注意別加過頭，把底下的擺設給覆蓋住了。

夏威夷慶典
鳳梨火腿

Quote / 生活絮語

我去義大利前做了「披薩」的功課，才知道義大利視夏威夷披薩為邪門歪道，夏威夷口味是加拿大人所創的產物，並非來自義大利本身，這對披薩鼻祖來説大概是難以接受的吧（笑）。雖然台灣不論大人還是小朋友，接受度最高的口味莫過於夏威夷，但對義大利人來説，鳳梨加在披薩上是很荒謬的事、是在惡作劇。這可不是開玩笑的，我旅遊義大利的幾十天，還真的從沒有看過夏威夷這個選項，真的很有意思。

材料

吐司

番茄醬

鳳梨

火腿

披薩起司（莫扎瑞拉起司）

作法

1 吐司抹上番茄醬

2 先擺上鳳梨切丁，再擺上火腿切丁

3 撒上些許披薩起司

4 將吐司進烤箱烘烤 7 ～ 10 分鐘，至起司表面金黃即完成

火腿

鳳梨

莫扎瑞拉起司

末羊子的擺盤秘技

有番茄醬的紅色打底、粉紅色的火腿、金黃色的鳳梨，加上烤至橙橘色的莫扎瑞拉起司，整體雖然都是暖色調，但這些材料以及搭配，絕對是光看就想吃，食材自帶光芒就別提擺盤技巧了！唯一的小提點就是要記得，食材切小塊一些，更好入口，看起來也更細緻。

旅行的風景
蔥蛋法式

Quote / 生活絮語

我很喜歡在拍照的時候，擺上旅遊時所買回來的明信片，特定食物能勾起特殊回憶，特定風景照想當然爾也是，兩者倘若一併出現，念舊的我總都會浮現當時的一點一滴。如果有什麼照片是能勾起你心中的漣漪，就印出來當作拍攝道具吧，這樣拍出來的食物寫真照，對你來說鐵定會更加有紀念意義。選合適的照片，最好是色系和食物較能搭配的，照片本身的主體和元素也夠單純，這樣就比較不會喧賓奪主囉。

材料

吐司

牛奶 50ml

雞蛋 2 顆

青蔥

作法

1 將 1 顆雞蛋打散

2 加入牛奶，攪拌至均勻

3 把吐司正反兩面吸飽蛋液體，靜置約
  5 ～ 10 分鐘以上

4 少油下鍋小火將吐司煎至金黃，有紋路
  即可起鍋

5 煮 1 顆半熟水煮蛋（水滾後關小，悶約
  7 分鐘）

末羊子的
擺盤秘技

如果你正好也有
這種小鋁盒裝的
便宜蠟燭，放進
透明玻璃的小燭
台裡，會瞬間讓
畫面和質感提升
一個檔次。搭配
自然光，玻璃小
燭台邊緣晶亮晶
亮的反射看起來
非常華麗，但佔
據整個畫面的面
積又不高，能夠
做到很好的陪襯
效果。

雞蛋

青蔥

英式早晨
茄汁焗豆

我到英國旅行時所住的飯店,早餐無一缺少Scrambled egg和Baked beans(西式炒蛋和茄汁焗豆),這就好比我們的豆漿、蛋餅,是他們當地很具代表性的食物。曾經被英國殖民過的國家,像是紐西蘭,也深深受到這個組合的影響,是處處可見的早餐搭配,前一陣子我到紐西蘭旅遊近兩星期,每一天都吃這個當早餐(膩啊),其實有點別無選擇,不知不覺被台灣的多

選擇給慣壞了，瞧瞧我們的早餐店，要西式有西式、要中式有中式，幸福的勒。也怪不得在紐西蘭遇到的台灣工讀生小聲地跟我抱怨：「我真的、真的好～懷念台灣的美食啊！」

材料

吐司

雞蛋

茄汁焗豆（罐頭）

黑胡椒

作法

1 吐司進烤箱烘烤 7 分鐘

2 煎一份半熟美式炒蛋後，鋪在吐司上

3 最後淋上茄汁焗豆，撒上黑胡椒，完成

末羊子的擺盤秘技

直接舀出茄汁焗豆的話，有可能會過「水」，不好控制，也容易把剛烤到酥脆的吐司泡軟，所以撈出前建議稍微瀝一下。

最後罐頭內如果剩下太多茄汁，別倒！接下來的幾餐接著炒蛋或蘑菇，當淋醬一樣好吃唷！

雞蛋

茄汁焗豆

亞洲的夏天
台式泡菜

Quste / 生活雜談

對於酸酸甜甜的滋味，大
部分的亞洲人不會排斥，
甚至還挺喜歡的。夜市裡
賣的臭豆腐上都會附上一
些高麗菜泡菜，我永遠！
都會！嫌不夠！所以自己
開發，在家裡做，後來竟
發現，我總是都能夠默默
的一個人把半顆高麗菜，
在兩、三天內給消滅掉。
這滋味消暑又順口，很適
合直接吃。在夏天時，拿
來當作開胃菜，也是不錯
的選擇。

材料

主食材	醃料
吐司	水
高麗菜	醋
紅蘿蔔	糖
蒜頭	鹽
	辣椒（可有可無，依喜好）
	薑（可有可無，依喜好）

＊高麗菜、紅蘿蔔、蒜頭、辣椒等可自行分配多寡

作法

1. 高麗菜、紅蘿蔔洗淨切塊、切片，用鹽巴簡單抓醃 10 ～ 15 分鐘

2. 泡菜醬汁比例為水：醋：糖＝ 2：1：1，可自行微調至喜歡的酸甜度，若是偏好辛辣口味，可依個人喜好加入切丁辣椒和薑片，一起醃漬

3. 把簡單醃過的高麗菜、紅蘿蔔放入醬汁中冷藏約 1 ～ 2 天（最少也要放置一個晚上），入味後即可取出使用

4. 吐司進烤箱烘烤 7 分鐘

5. 拿出來後鋪上醃好的泡菜即完成

末羊子的擺盤秘技

這道吐司比較適合放到深色的盤子上，因為高麗菜顏色淺又亮，盤子也是淺色系的話，容易讓畫面過曝，或是失去焦點和重心。為了平衡，也為了更襯托主角，我通常會選用深藍色的容器。

歐洲莊園
甜醬蘋果

/生活絮語

我在歐洲讀書的時候，吃飽飯偶爾會去散步走走，因為住在鄉下小徑裡，常常逛到別人的蘋果園裡。秋天的蘋果顆顆紅潤可愛，是大快朵頤的好時節，一位同學告訴我他們家會把蘋果切塊後沾著核桃醬或花生醬吃，光是聽就讓人躍躍欲試！如果比較嗜甜，我想換成蜂蜜也會是甜蜜好滋味。

材料

吐司
花生醬、巧克力醬皆可
薄片蘋果
葡萄乾、綜合堅果（核桃、胡桃為佳）

作法

1. 吐司抹上花生醬（或巧克力醬）當底
2. 作法 1 進烤箱烘烤 7 分鐘
3. 拿出來後先鋪上切薄片的蘋果
4. 淋上花生醬
5. 最後再撒上葡萄乾以及核桃、胡桃等綜合堅果，就完成了

末羊子的擺盤秘技

切片蘋果是我很喜歡的一種擺盤方式，堆疊起來豐富又可愛，圍成一圈擺看起來像一朵花。這裡就用我多次提及的「層次堆疊」去分層。胡桃、核桃等堅果可以切碎一點唷！除了上下的層次，大小的對比也可以當作擺盤的一種方式外，蘋果之於大，堅果之於小，撒在吐司的上面感覺亂中有序，最後再淋上花生醬，畫面就十分豐富了！

異國香氣
肉桂蘋果

Quote／生活絮語

在亞洲地區，好像不是那麼地流行肉桂的口味，這個味道本來完全不在我的日常選擇裡，一直到我在歐洲生活時，發現一堆麵包、蛋糕，甚至他們流行的手作食譜，都會把肉桂當成像甜味劑一樣加，我就在 Instagram 上做了個小小的調查，發現不喜歡或不能接受的比例高達 67%，實在感到有趣又意外。多試了幾次我反而淪陷成肉桂的愛好者之一，不論是捷克的肉桂捲、瑞典的 cinnamon roll（肉桂麵包），都成了我愛不釋手的選擇。

材料
吐司

奶油起司

蘋果

肉桂粉

作法
1. 吐司抹上奶油起司抹醬
2. 蘋果切薄片，鋪在吐司上
3. 在吐司的正中間由左至右撒上肉桂粉，即完成

末羊子的擺盤秘技

英、外文報紙能成為很好的拍攝道具，一方面因為我們習慣閱讀中文，不會那麼敏銳和直接的去辨識報紙當中的內容，另一方面也給人知性、慵懶的感覺，試想愜意的男／女孩邊翻著報紙，邊啜著咖啡、咬著早餐，光說到這畫面就能給人很大的想像空間了對吧（笑）。

鄉村小鎮
蝦仁青蔥玉米筍

/生活絮語

"Sometimes we come last but we did our best." ——Shakira <Try Everything>
「雖然有時候我們是最後一個抵達的，但我們知道自己已經全力以赴。」
有時候查了歌詞才發現，部分被我們聽爛的流行英文歌的歌詞裡頭，都藏著很多觸動人心的話。

材料
吐司
花生醬
玉米筍
青蔥
蝦仁

作法
1 吐司進烤箱烘烤 7 分鐘
2 抹上花生醬
3 將玉米筍切小丁
4 將蝦仁和玉米筍一起炒熟後，擺上吐司
5 洗淨青蔥後切小丁，再撒上吐司
6 淋上花生醬即完成

末羊子的擺盤秘技

由於除了青蔥以外都是暖色調，所以青蔥可以盡情的放（笑），不只顏色好看，蔥配蝦非常好吃的呀！另外花生醬如果不太好淋成想要的流線，可以以筷子當成媒介，沿著筷子流下。如果有不用的塑膠袋，又不嫌麻煩的話，用擠的也可以。

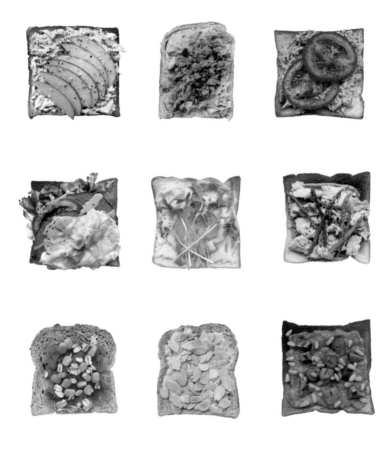

CHAPTER 4
難以忘懷

。

家鄉的陽光，美食的味道，
令你感到震撼的自然景色，
陌生人給你的親切照顧，
給予你力量的一切事物，
這些都是令人難以忘懷的美好，
咬一口吐司，將這些美好銘記在心。

。

鹹甜青春
芋泥肉鬆

我很多 IG 朋友對芋泥的想法，有很兩極的反應，一邊是排斥、一邊是狂愛。而從排斥變成熱愛的我，總覺得有個很大的原因是長大後口味改變了。現在了解芋頭獨有的香氣和綿密的泥狀口感，是多大的滿足後，就覺得處理芋頭皮是很值得的事，建議大家可以先煮過再脫皮，就比較不會咬手了。

材料

吐司

芋頭、芋泥皆可

奶油

牛奶

豬肉肉鬆、魚鬆、海苔鬆皆可

作法

1 將芋頭剝皮切小塊

2 加入小塊奶油、些許牛奶（比例完全依個人喜好、建議第一次不用加太多）

3 丟入電鍋蒸 30 分鐘至熟透

4 用叉子壓成泥（可先試嘗味道，太淡可再加入奶油、牛奶，微波融化）攪拌均勻至滿意即可

5 鋪滿到吐司上，撒上些許肉鬆 （豬肉肉鬆、魚鬆、海苔鬆～依你的喜好）

未羊子的擺盤秘技

通常「散狀的、淋撒用的」好比芝麻粒、杏仁粉或杏仁片、肉鬆或魚鬆、糖粉、花生醬……因為不規則且適合營造整體層次，做層層堆疊的視覺效果，是我認為很好拍照的一大 Key Point！芋泥稍微用叉子抹點紋路，基本上他就會自帶質感，幫你的畫面加不少分囉！

芋頭

肉鬆

家鄉陽光
地瓜玉米

Quote / 生活絮語

在歐洲到處都是以馬鈴薯和馬鈴薯泥當作主食，有時候真的吃得很膩。以前總覺得「地瓜很便宜」，但親眼看到瑞士地瓜的標價後，感到很訝異。很多在台灣熟悉的蔬菜水果，在溫帶地區也不好買到，舉例不完的葉菜類：空心菜、地瓜葉、Ａ菜、大陸妹等等，實在讓我感到難以適應。看看現在走出家門沒幾公尺，就有一個賣烤地瓜的小攤販，果然金窩、銀窩不如自己的狗窩好呀。

材料
吐司
地瓜、地瓜泥皆可
玉米粒
燕麥片

作法
1 將地瓜蒸至熟透軟爛，去皮後壓成泥
2 將吐司送進烤箱烘烤 7 分鐘，取出後抹上地瓜泥
3 撒上玉米粒跟燕麥片即完成

末羊子的擺盤秘技

撒上麥片可以協助提亮吐司整體的色調，因為我選用的吐司顏色是輕柔、低包和的杏色，地瓜泥是溫和暖橘色，兩者色溫和明度太過接近，玉米的黃色也和橘色有些相像，這時候撒一些麥片、杏仁片或是白芝麻粒，可讓整體色調呈現不那麼暗沉。若不喜歡這樣的組合，可選擇在地瓜泥下鋪美生菜，有中、冷色溫的搭配，豐富的層次感就能建立出來。

雨中舞姿
半熟蛋起司烤杏仁

Quote／生活絮語

"Life isn't about waiting for the storm to pass, it's about learning to dance in the rain." 「生活不是等待暴風雨過境，而是學會在雨中跳出最美的舞姿。」生活有時總是一波未平，一波又起。我有個粉絲問過我：「當遇到生活中的不平順時，如何把自己過的優雅？」失落、急躁、焦慮都是必然的，我也常常會脆弱地眼淚直落，我想那些最優雅的，鐵定是穿過無數次挫敗，從中分析、反省，才能如此茁壯吧。

材料

吐司

雞蛋 1 顆

牛奶 15ml

起司片 1 片

鹽巴

杏仁片

作法

1 烤箱預熱

2 將雞蛋打散成蛋液,加入 15ml 牛奶,
再加入少許鹽巴

3 起司片切丁、撕成小塊,加入蛋液中攪
拌均勻

4 將蛋液微波 15 ～ 20 秒,不宜過久,避
免雞蛋變成固體

5 將半熟蛋液塗抹在吐司上

6 最後鋪上杏仁片,進烤箱烘烤 7 ～ 10
分鐘,即完成

杏仁片

起司片

雞蛋

末羊子的
擺盤秘技

不論是打算要使用全麥麵包、白麵包、堅果麵包或是有色的調味麵包,上面的底料都盡可能要和吐司本身的顏色有些區別,才更能展現層次。其實要找到合適的醬料,隨意列舉都很合適,非常簡單譬如奶油起司醬、番茄醬、芝麻醬或深色的果醬……我平常都習慣用白色奶油起司當襯底,這次以金黃色的雞蛋作為襯底,整體的視覺效果滿分(笑)!

雨後陽光
奶香南瓜

"Be strong because things will
get better. It may be stormy now,
but it never rains forever. "
──Unknown

「堅強一點呀,因為一切都將
安好起來,也許現在正下著難
耐不堪的暴風雨,但這場雨不
會永遠下著。」

勵志引言對我而言猶如一波又
一波暖流,這份文字的力量並
不逼著我們去做什麼,而是能
點破我們在此時此刻的迷茫和
懶惰,安撫我們正在經歷的挫
折和失落,透過咀嚼這短短的
幾個字與比喻,為我們帶來真
諦和勇氣。勵志名言用最溫和
的方式,提醒我們可以去改變
現況,或更有耐心一些,因為
一切都將會安好起來。

材料

吐司

栗子南瓜

奶油 50 ～ 80g

牛奶 100ml

栗子

松子

作法

1 取一顆栗子南瓜，去皮去籽之後先放入電鍋中

2 加入 50 ～ 80g 奶油、100ml 牛奶後，外鍋加入兩杯水，按下蒸熟

3 吐司進烤箱烘烤 7 分鐘

4 抹上南瓜泥

5 將熟栗子切丁（若使用生的，可和南瓜一起蒸熟），撒在吐司上

6 最後撒上些許松子，即完成

末羊子的擺盤秘技

金色系或銀色系的餐具，非常能夠替畫面或食物顏值加分，本身就透露出貴氣的感覺，只要稍微有一些光線，他們就會自帶加分效果。而餐具的擺放我喜歡用交叉擺放的方式，看起來會更加有變化、不至於太過死板。

栗子南瓜

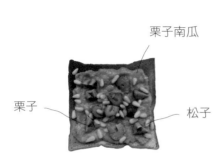

栗子

松子

純淨的景色
鳳梨起司豆苗

Quote／生活絮語

"I travel because it makes me realize how much i haven't seen, how much i'm not going to seen, and how much i still need to see."——Unknown

我以前是一個非常宅的人，甚至有點厭惡外出，直至我開始旅遊，直至我瞧見了阿爾卑斯山的壯麗雪景、南歐的盛夏熱情、亞德里雅海不可思議的純淨、克羅埃西亞的海闊天空、羊角

村的愜意和寧靜、德國的夢幻城堡以及風
和日麗……。

每個旅程結束後都像場很深遠的夢，更深
地意識到，旅遊能帶來的滿足和平靜，遠
超乎看風景的價值和想像。

材料
吐司
莫札瑞拉起司
鳳梨（圈）
豆苗
黑胡椒粒

作法
1 將鳳梨圈擺在吐司上
2 撒上莫札瑞拉起司
3 進烤箱烘烤 10 分鐘至起司融化
4 擺上些許豆苗
5 撒上黑胡椒粒，即完成

末羊子的擺盤秘技

光線比較晦暗的時候，光源可能只來自窗外的某一正面，沒辦法有均勻的受光，這時候我會在最暗側打一盞光。初期設備不是那麼齊全，會使用家裡的檯燈幫忙補光，後期拍習慣後就購入了盞環形燈，由於至少兩面受光，畫面中本身過暗的地方就會被光線補亮，不至於讓過暗的顏色吃掉太多細節。

清爽秋日
酪梨鮪魚番茄

"If you want something new, you have to stop something old." ——Peter F. Drucker

「如果你渴望新的事情衝擊進來，那麼首先，我們就得先放棄對舊事物的執著。」這陣子和我很要好的同事離職了，在她最後決定要轉換到其它跑道前，她提醒了我很多關於「放手」的必要性。我們常常都在害怕、都在

猜測：也許下一個不如這一個好，所以還是別輕舉妄動吧。我們總為了排除這份不確定因素，所以屈就、滿足於現況。我想起張宇的那首歌：「你別怕自己沒人愛／這世界還是精采／你又何必／單戀一枝花」。當我們足夠好了，準備好了，放下對舊的執著，當我們變得更好的時候，當然值得更好的啊。

材料

吐司
半顆酪梨
鮪魚
牛番茄
黑胡椒

作法

1　吐司進烤箱烘烤 7 分鐘
2　酪梨半顆壓成泥，抹上吐司，鋪上鮪魚
3　牛番茄切片後，擺在吐司上
4　撒上些許黑胡椒，即完成

末羊子的擺盤秘技

我很喜歡用淺中調灰色的盤子來拍照。拍吐司、早餐寫真照時，我使用一般數位相機以及仰賴自然光，並沒有在攝影棚或太講究的地方進行專業拍攝。白色盤面較容易過曝或讓相機深淺失衡，深色盤面和我其餘的道具色調不是太好搭配，選用淺中調灰色，有一抹氣質、神秘和低調，同時還能襯出鮮豔食材的光芒，是我偏愛的選擇。

震撼瞬間
嫩蛋牛肉三明治

Quote / 生活絮語

還記得在瑞士下大雪的某一天早晨，我做完早餐後，靜靜看著窗外吃早餐，那是我少數沒有配著電視、手機吃早餐的一次，可能因為看見雪景的機會太稀有，風景就像一齣美好的默劇般，也是從那陣子開始，我更喜歡與大自然共處的感覺。這讓我想到，我有一位朋友特別地怕冷，在他還沒走進任何一個雪國之前，他都告訴我，出國就是要舒服地玩，為什麼要又冷又累。但誰知道，在他體驗了一次北海道的冬天後，就不停嚷嚷著：「那裡絕對是他人生裡最美的篇章之一。」唯有親眼看過大自然的美，才能理解那種被震懾的感動啊。

材料

吐司

花生醬

生菜

煙燻牛肉

牛番茄

雞蛋

黑胡椒

作法

1 吐司進烤箱烘烤 7 分鐘

2 依序鋪上生菜、切薄片的煙燻牛肉、切片牛番茄，再加上一片薄片煙燻牛肉

3 接下來煎一份半熟的美式炒蛋後，鋪在吐司上

4 最後淋上花生醬、撒上黑胡椒，即完成

末羊子的擺盤秘技

常常看到高級餐廳的料理、精緻甜點的擺盤上，都會以醬料在餐盤上做些點綴。如果不嫌浮誇，可以試著沾一點醬料，在餐盤空白處的邊上抹上兩筆，或是以點珠的造型點綴幾個圓，但記得千萬別搶走吐司風采了，適量裝飾即可。

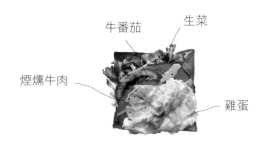

牛番茄

生菜

煙燻牛肉

雞蛋

冬日裡的暖流
藜麥蘋果雞肉泥

"A book is a gift you can open again and again." —— Garrison Keillor

「書本就像是一份可以重複打開來的禮物。」有張常常出沒在我照片中的卡片，是我在瑞士逛市集時，本想掏錢買的一張名信片，依稀記憶中才 2 瑞士法郎（約 60 元台幣），但是我要結帳時發現身上沒有任何零錢，剩的只有 50 元大鈔（約 1500 元台幣），本不想為難老闆找

錢而打算作罷，結果老闆看見我很喜歡，看了錢包後也遲遲沒來結帳，就大方的說送給我。其實才銅板價的東西，但對於身處異地，看誰都很陌生的我來說，那份慷慨有如冬日裡的暖流，這張卡片也因此更有紀念和保存意義了。

材料

吐司

雞肉 100g

牛奶少量

美乃滋

藜麥

鹽巴

蘋果

黑胡椒

白芝麻

作法

1 雞肉切碎，和藜麥一起蒸煮至熟透

2 取一半進果汁機，加入些許牛奶協助絞碎

3 將作法 1 和作法 2 混合，再加入一湯匙美乃滋、一小撮鹽巴拌勻

4 吐司進烤箱烘烤 7 分鐘

5 先鋪上藜麥雞肉泥，再鋪上蘋果切片

6 最後撒上些許黑胡椒、白芝麻，即完成

末羊子的擺盤秘技

營造出準備開始享用的畫面，也是拍出好吃的照片的手法，好比拍出用「手拿取」「手持刀叉，準備切下一刀（或已經切下去了）」等等拍攝方式，這畫面能讓觀看者把自身帶入這個情境裡，彷彿就是自己要開吃一樣，更容易引發觀看者飢腸轆轆的感覺。

萬分感謝
花生蘆筍蛋

"Piglet noticed that even though he had a
very small heart, it could hold a rather large
amount of gratitude." ——Winnie the Pooh

「小豬發現，雖然他的心臟非常的小，但
這顆心卻放得下很多很多的感激。」

前些日子和一位在波士頓工作的台灣朋友
聊天，他說他媽媽最近去拜訪他，為了當
個好地陪，所以他向公司請了一個星期的
休假，全程陪他媽媽逛街、看風景。這時

我對他説了一句：「哇，一個星期很久耶！你和你老闆真好。」他莞爾回説：「這沒什麼，應該的。」我們常常都是嘴上嚷嚷著要懷有感恩之心，但日常生活中，卻會輕易忘了優先順序為何。當時有些慚愧自己説了那樣的話，我們能感激的大小事數不清，但我們都有記得去感激身邊的人嗎？

材料

吐司

花生醬

雞蛋

蘆筍

黑胡椒

作法

1 吐司進烤箱烘烤 7 分鐘，取出後抹上花生醬

2 炒一顆蛋，再炒蘆筍

3 將炒蛋、蘆筍擺上吐司

4 撒些許黑胡椒，即完成

末羊子的擺盤秘技

如果沒有這麼多擺盤的道具，是不是就沒辦法擺出華麗的畫面出來？其實我最一開始接觸擺盤的時候，只有一副刀叉、幾片在公園撿的楓葉、和一張與吐司料理極不搭配的餐墊。大家先不要急著想擺出奇蹟美照，而是先從手作早餐裡獲得成就感，並養成習慣。時間久了、拍上癮了，再慢慢添購些百搭的小道具們，好比字卡、木製托盤、迷你蠟燭、乾燥花等。在這之前，我們可以先擺手錶、小桌巾、明信片，或是保持簡潔，一盤一刀叉，畫面和諧就能夠很美。話說回來，你們應該不難發現，雖然我拍了這麼多照片，但其實常用的小道具都是那幾個（笑）。

CHAPTER 5
發現自己

。

成長的過程中難免會遇到挫折，
學會早起、學會對自己好一點，
從現在開始懂得愛自已，認識自己。
才有辦法掌握持續的力量、才有辦法改變，
規畫一個美好的未來藍圖，
一步一步向前方邁進。

。

對自己好一點
花生醬烤杏仁蜂蜜

Quote / 生活絮語

自從大學開始展開外租生活、出
國留學,習慣一個人打理日常
之後,漸漸發現把生活過好,本
身就是一件有成就感的事情。這
是我一直都很嚮往的事,也許是
看多了浪漫清新的電視劇或音樂
MV,所以總是很羨慕裡頭亮麗
的生活方式和生活空間。嘗試後
反而有些著迷,每天再早起一些
就能更加愜意、優雅,再勤奮一

些就不用面對成堆的家事。把生活空間和
作息打造成自己理想中的模樣，調整後，
你就會比以前更喜歡自己的生活。

材料

吐司
花生醬
杏仁片
蜂蜜

作法

1　吐司抹上花生醬

2　再鋪上滿滿的杏仁片（偏好更脆、更焦
　　可以先預烤）

3　送進烤箱烘烤 10 分鐘

4　取出後，淋上些許蜂蜜即完成

末羊子的
擺盤秘技

把杏仁片深、淺
色相互交錯，會
看起來會更有層
次感，可預先烘
烤讓一批杏仁片
上色，再混入原
色杏仁片中，同
中求異。蜂蜜可
以讓吐司整體外
觀看起來更波光
粼粼，吃起來也
不會太乾。

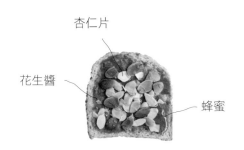

杏仁片

花生醬

蜂蜜

早起的意志
切達蘑菇蛋

Quote / 生活絮語

大概從大學開始，我就發現我有個專長叫「起床」，鬧鈴響一聲我就能從床上跳起。接著你會問：「可是，妳不會想要賴床嗎？」。雖說每個人體質和睡眠時長都不太一樣，但早睡絕對是早起的關鍵，該讓身體休息時，就熄燈去睡（我也知道 3C 和網路很難說關就關），但凌晨去睡，就算一樣能睡飽 7 小時，跟早睡早起睡飽 7 小時，元氣是有落差的，調整到早睡

早起的模式好一陣子後，你能明顯感受皮膚更光澤，早上起床更甘願，白天也會更有精神。因為我也曾經是嚴重的夜貓子，所以更能意識到這兩者的差別呀（推薦）。

材料

吐司

奶油

蘑菇

雞蛋

切達起司

黑胡椒

作法

1 吐司上抹上一層薄奶油，進烤箱烘烤 7 分鐘

2 蘑菇煎熟後鋪在吐司上

3 煎一個美式半熟蛋鋪上吐司，再鋪上切薄片的切達起司

4 撒上些許黑胡椒，即完成

末羊子的擺盤秘技

如果買不到棕色的蘑菇，白色蘑菇淋上些許橄欖油後翻煎，起鍋後也能像照片裡一樣有好看的咖啡色，甚至更有深淺的層次，無需擔心曝光。

另外，通常一片吐司炒一顆蘑菇份量剛剛好。

柔軟的一顆心
菠菜水波

"To laugh at yourself is to love yourself." —— Mickey Mouse
「學會自嘲也是愛自己的一種表現。」

有一句話説：「敢於自嘲的人，往往都是自信之人。」這是言語裡很高的境界，比幽默更有富有智慧。拿得起也放得下的人；有勇氣也有胸襟的人，才願意把自己的缺點和過錯、不堪和弱點，以輕鬆詼諧的方式搬出來自娛和娛人。非但使人會心一笑，也順帶軟化攻擊者的鋒利。在經營社群媒體的短短期間內，為了排解內心的不平衡，會去觀摩那些站在頂峰的媒體人是如何做出回應和反擊，不難發現善於自嘲的回覆，反倒有更多的旁觀者為此鼓掌和追隨，也展現了他們待人處事和高度，實在值得學習。

材料

吐司

花生醬（或胡麻醬）

1 顆蛋

菠菜

黑胡椒

50 ～ 100ml 水

作法

1 吐司進烤箱烘烤 7 分鐘

2 抹上花生醬（或胡麻醬）

3 將菠菜川燙（或炒熟），擺上吐司

4 小碗裡加 50 ～ 100ml 的水，小心將雞蛋打入水中

5 先微波 20 秒，若沒有形成半固態，再微波 10 秒、10 秒循序漸進至完成。小心勿過熟

6 從微波爐取出後，水瀝乾，以湯匙小心挖取，擺在吐司上

7 撒上些許黑胡椒，即完成

末羊子的擺盤秘技

只要有放半熟蛋的料理，把蛋黃戳破流出蛋液就對了！「半熟」愛好者們一定會垂涎欲滴的被這亮晶晶的蛋液給吸引。大家都知道新鮮、剛出爐的絕對是最好吃的時刻，把這個關鍵時間點好好的記錄下來，也是讓照片看起來更好吃的手法。為了防止拍攝時手忙腳亂、蛋液乾掉等狀況，可以先擺好背景和其餘小道具，再開始做這款吐司料理唷。

報喜不報憂
滑蛋蝦

看似光鮮亮麗的早餐擺盤,也還是會有些手忙腳亂,把廚房弄得一團糟的窘境,只是我們總是愛報喜、而不愛報憂,我自然也不會把失敗品「拍」起來,回想起來,我還真創造過不少無法登上檯面,也難以下嚥的「怪奇料理」。我們常常嚮往別人的生活、嚮往別人活著的姿態,但那是因為社群上大多只有最美的片刻,才會被呈現出來。做不好的時候千萬別氣餒,

沒有永遠完美的人，唯有認同自己的生活方式，才能真正享受，並持久繼續下去。

材料

吐司

雞蛋

蝦仁

青蔥

黑胡椒

作法

1 吐司進烤箱烘烤 7 分鐘

2 熱鍋後，雞蛋打散以美式半熟炒蛋煎，約 5～6 分熟就盛起來，擺在吐司上

3 蝦仁煎熟後擺上

4 洗淨青蔥後切小丁，再撒上吐司

5 撒上些許黑胡椒，即完成

末羊子的擺盤秘技

煎美式炒蛋或是滑蛋，除了要注意別過熟，變成一般煎蛋外，也要在擺盤時加快手腳，才不至於讓古溜溜的半熟蛋乾涸了。任何液體都一樣，好比花生淋醬、蜜紅豆這些有光澤的濃稠液體，都會因為表面乾涸而影響它的美觀外表喲！

蝦仁

青蔥

雞蛋

從現在開始
蘋果鮪魚

"Nobody can go back and start a new beginning, but anyone can start today and make a new ending." —— Maria Robinson

「沒有人可以回到過去並且重新開始，但是任何人都可以從現在開始，並創造一個新的結局。」

我每當看到年紀比自己還小的小孩、青年有很厲害的作品和成就，不禁就會想問自己一句：「那我呢？」。其實時間拉遠來想想一位 22 歲，剛畢業就很厲害的甲和一位 25 歲畢業後三年，但也一樣厲害的乙，聽起來好像並沒有差太多。我們必須承認，變得強大需要大量時間。雖然在高速變動的時代裡，我們都沒什麼耐性，但現在開始做些什麼，結局必會有所不同。

材料

吐司
花生醬
生菜
蘋果
鮪魚
玉米
黑胡椒

作法

1 吐司進烤箱烘烤 7 分鐘，取出後抹上花生醬

2 依序擺上生菜、鮪魚、些許切片蘋果

3 最後撒上一些玉米跟黑胡椒，即完成

末羊子的
擺盤秘技

如果吐司上的料很多，層次太豐富反而會顯得有些雜亂，所以擺放方式從食材體積大擺到小，從平擺到立體，就整齊有理許多。好比生菜好壓，通常會擺在最下一層，玉米粒、堆疊的蘋果片，就比較適合放在上層。

花生醬
生菜
鮪魚
蘋果
玉米

懂得愛自己
花生起司燻牛肉

Quote / 生活絮語

煙燻牛肉在台灣不是太好買,但大賣場都還是有賣的!有時候羨慕國外超市都有那個,有這個的,但真的到了國外,才知道真正好吃的、好買、好讚的就是台灣的東西啊。很多人問我,去了歐洲一年的感觸是什麼?旅遊這麼多歐洲國家的心得是什麼?來過歐洲,為什麼會更愛台灣?來過歐洲,你真的會想定居在這裡嗎?

以前談到國家、民族認同，常常覺得與我無關，反正我是台灣人就因為我出生在這裡啊！但台灣的可貴之處，是「比較」出來的，這也就是為什麼世界上的人說我們友善、說我們熱情、說我們可愛、說我們治安好、說我們方便，都是其來有自，有其根源的啊。

材料

吐司
花生醬
生菜
煙燻牛肉
黑胡椒

作法

1 吐司進烤箱烘烤 7 分鐘，取出後吐司擺上生菜

2 煙燻牛肉切數片薄片

3 起司片斜角對半切

4 起司片與煙燻牛肉穿插疊放

5 淋上花生醬，即完成

末羊子的擺盤秘技

台灣一般販售的起司片，大致有兩種顏色：淺白色和橘黃色。如果家裡光線比較昏暗，需打日光燈但很容易過度曝光，我就比較建議選橘黃色的起司。不過橘黃色又和吐司本體的色調相近，所以需要搭配色系差異大的配菜，好比深綠色的生菜或半熟紅肉才更能襯托喲！

改變的力量
草莓杏仁

𝒬𝓊𝑜𝓉𝑒 ／生活絮語

"Your mind is a powerful thing. When you fill it with positive thoughts, your life will start to change." —— Anonymous

「你的大腦是個強大的東西。當你充滿正面想法，生活就會開始改變。」這是我迎向改變後才理解的話。曾因為在課業上得不到成就感，逐漸變得悲觀又負面。直至我開始觸碰到正向的經驗、感受到何謂熱愛生活的感覺

之後，開始逐一拾回當時遺落的自信和野心，這才明白原來正面思考所帶來的力量能這麼強大。

材料

吐司
奶油起司抹醬
草莓
杏仁片

作法

1 吐司、杏仁片分開放，送進烤箱烘烤 7 ～ 10 分鐘

2 拿出來後，抹上奶油起司抹醬

3 草莓垂直切片，擺到吐司上

4 最後擺上烘烤過的杏仁片即完成

草莓

杏仁片

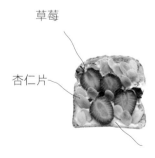

奶油起司抹醬

末羊子的擺盤秘技

很多人問我，盤子下方的「布」要怎麼「抓」才能抓得好看，如果你們仔細觀察我每一次完成作品的模樣，或是看過我 youtube 影片裡「抓」的過程，其實就會發現沒什麼技巧以及過多的調整。平放後從中心點抓起再放下，或是兩手左右各抓幾下，讓整體不修邊幅，每個角落都有一定的皺摺，自然的摺痕就有很美的畫面。摺痕當然也有正好好看和不好看的時候，若真的抓不到訣竅，建議可以從使用柔軟的棉麻材質開始。

渴望高峰
奶香核桃薯泥

"Once you start never rest on your laurels."
「開始後，就別因為一時的榮耀而懈怠。」
我記得我還是學生時，一位有所成就的講
師說：「千萬別因為滿足於現況，就開始
止步不前，因為這就是退步的開始。」
每當獲得殊榮、成就，或達成各式各樣的
里程碑時，盡情收割屬於自己的掌聲是再
美好不過的事情。但世界變動的太快，有
才的人太多，如果持續沈溺在那樣我好棒
的情緒裡，對於渴望攀上更高的峰上，應
該會是一大阻礙。

材料

吐司

中型馬鈴薯 1 顆

奶油 15 ～ 25g

核桃、杏仁（或其他堅果）

帕瑪森起司粉

作法

1 將馬鈴薯洗淨、去皮、切小塊

2 依喜好取 15 ～ 25g 的奶油，將奶油和馬鈴薯一起放入電鍋蒸至熟透

3 電鍋跳起後將做法 2 壓勻

4 吐司進烤箱烘烤 7 分鐘

5 鋪上馬鈴薯泥

6 擺上切碎的核桃、杏仁果

7 撒上些許帕瑪森起司粉，即完成

末羊子的擺盤秘技

看起來像是隨手一撒的堅果，但其實如果打算拍照的話，不太可能真的「隨手」鋪撒下去，我一開始也以為自然的照片就是隨興發揮，但現實是，角度和灑落下的範圍還是相當重要的。如果真的行有餘力，或是有那個美國時間的話，可以考慮一顆一顆慢慢塞上去（笑）。

帕瑪森起司粉

杏仁

馬鈴薯

持續的力量
馬鈴薯沙拉

Quote / 生活絮語

"Opportunities don't happen. You create them." —— Chris Grosser

近乎每天拍食物美照能給我帶來什麼嗎？一開始做的時候完全沒有任何目標和目的，只覺得很好玩，餐桌上虛華的美麗能提振我的心情和食慾。直到我持續做了半年、一年後，開始收到各方邀約、甚至現在這個出版機會，我也才漸漸驚覺，原來這些是超乎我想像的價值存在。機會永遠都在，我們有意無意種下的果實，真的也許會在我們想像不到的地方結實累累。

材料

吐司

奶油

優格

鹽

馬鈴薯

紅蘿蔔

玉米

羅勒、巴西里皆可

作法

1 將馬鈴薯、紅蘿蔔切丁之後，蒸至熟透軟爛，局部壓碎

2 將奶油、鹽巴趁熱拌入作法 1 中融化、調味

3 讓馬鈴薯泥冷卻，再拌入些許優格，份量視個人喜好逐量加入

4 吐司進烤箱烘烤 7 分鐘

5 吐司拿出來後鋪上馬鈴薯沙拉

6 撒上羅勒（或巴西里）即完成

末羊子的擺盤秘技

當擺盤方式為兩片吐司，有局部稍加重疊，下方吐司在重疊的部分就可以選擇不放料，讓上方吐司重疊得更穩，更平坦，不會在調整位置時壓得亂亂、髒髒的，整體看上去也才不會有一處特別隆起，顯得特別不自然。當然，一般大家都是做來要吃掉的，好吃才最要緊，所以真的可以不用這麼搞剛（笑）。

紅蘿蔔

玉米

優格

馬鈴薯

步步向前
羅勒醃漬小番茄

/生活絮語

"Successful people keep moving. They make mistakes, but they don't quit." —— Conrad Hilton 唯有不停地犯錯、繼續往前走，才會有成功的機會。其實我們也不是要追求多偉大的成功和成就，生活中總是會做一些蠢事和犯一些傻，但努力堅持下來，繼續往前走總會有更好的發展。

材料
吐司
奶油起司抹醬
小番茄
橄欖油
羅勒、巴西里皆可

作法
1 小番茄淋上少許橄欖油醃漬，並送入烤箱烘烤 20 分鐘至起皺

2 吐司進烤箱烘烤 7 分鐘，拿出後，抹上奶油起司抹醬

3 擺上烘烤完成的醃漬小番茄在吐司上

4 撒上羅勒（或巴西里）即完成

末羊子的
擺盤秘技

吐司上方的料擺滿滿當然是好幸福的事，但相反的給畫面留一個「呼吸空間」，也是設計上常常遵循的原則。所謂呼吸空間就是不要將畫面塞得太滿，「留白」是將資訊做有效控制的布局，是不是說得太深奧了呢（搔頭）。

說簡單點就是主動給畫面空間，好比這片吐司上抹醬沒有抹滿、醃漬小番茄也沒有擺滿，留給畫面適當的空間，並不只是空曠。

未來藍圖
酪梨培根雞蛋

Quote ／生活絮語

雖然照片中的雜誌是無任何功能的裝飾雜誌，但我真的挺喜歡看居家裝潢的設計雜誌，書局會賣的前幾名生活雜誌，也是我喜歡去翻看的。

奉行極簡後的生活，看雜誌更為充實，因為總覺得不會和現實落差太大（笑），同時也能妄想一下，自己未來居住地的藍圖，邊看邊做夢的感覺其實挺好的。看住室內設計等住宅相關的美學圖文，也是很好提升生活美感的一環，並能對未來有更廣大的選擇和想像。

材料

吐司

1 ／ 2 顆酪梨

2 條培根

雞蛋

黑胡椒

作法

1 吐司進烤箱烘烤 7 分鐘

2 酪梨取出果肉後，在吐司上壓成泥，可
用叉子的形狀壓出格紋的紋路

3 將培根煎熟，邊緣有些焦脆即可起鍋，
鋪在吐司上

4 煎一顆半熟荷包蛋，鋪在吐司上，以叉
子戳蛋黃的一角，讓蛋液流至吐司外

5 撒上些許黑胡椒，即完成

末羊子的 擺盤秘技

半顆酪梨先以刀
子畫幾刀後，用
湯匙取出再壓成
泥狀，會比較有
效率。如果不小
心壓過爛的話，
利用叉子橫著畫
出格紋的造型，
一樣很有型。

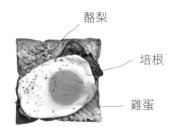

酪梨

培根

雞蛋

末羊子的朝食生活

高顏值吐司

作　　　者 末羊子	製版印刷　卡樂彩色製版印刷有限公司
編　　　輯 鍾宜芳	
校　　　對 鍾宜芳、尤恬、吳雅芳、末羊子	初　　版 2019 年 06 月
美術設計 劉旻旻	定　　價 新台幣 320 元
	Ｉ Ｓ Ｂ Ｎ　978-957-8587-75-5（平裝）

發 行 人 程顯灝
總 編 輯 呂增娣
主　　編 徐詩淵
編　　輯 鍾宜芳、吳雅芳、尤恬
美術主編 劉錦堂
美術編輯 吳靖玟、劉庭安
行銷總監 呂增慧
資深行銷 謝儀方、吳孟蓉

發 行 部 侯莉莉
財 務 部 許麗娟、陳美齡
印 務 許丁財
出 版 者 四塊玉文創有限公司

總 代 理 三友圖書有限公司
地　　址 106 台北市安和路 2 段 213 號 4 樓
電　　話 (02) 2377-4155
傳　　真 (02) 2377-4355
E — mail service@sanyau.com.tw
郵政劃撥 05844889 三友圖書有限公司

總 經 銷 大和書報圖書股份有限公司
地　　址 新北市新莊區五工五路 2 號
電　　話 (02) 8990-2588
傳　　真 (02) 2299-7900

國家圖書館出版品預行編目 (CIP) 資料

末羊子的朝食生活：高顏值吐司 / 末羊
子著 .-- 初版 .-- 臺北市：四塊玉文創，
2019.06　面；　公分
ISBN 978-957-8587-75-5(平裝)

1. 點心食譜 2. 麵包

427.16　　　　　　　　　　108007720

好書推薦——美味食光

100 家東京甜點店朝聖之旅——
漫遊東京的甜點地圖

作者｜daruma 著
定價｜420 元

東京 100 家甜點店特搜，不僅細膩描寫店鋪背景與甜點風貌，還貼心羅列拜訪每家店時的選擇推薦，跟著daruma 逐步走訪東京大街小巷內的甜點地圖。體驗不一樣的朝聖之旅！

Home café 家就是咖啡館——
從選豆、烘豆、到萃取，在家也能沖出一杯好咖啡

作者｜黃虎林 著
定價｜400 元

由專業咖啡大師傳授各種咖啡技巧，從認識萃取機具、選豆祕訣、到烘豆手法；只要一步步跟著做，現萃咖啡，濃郁豆香，再搭配點花式變化；讓家就是咖啡館，享受一杯屬於自己的好咖啡，從現在開始！

東京味——
110+ 道記憶中的美好日式料理

作者｜室田萬央里 著
攝影｜井田晃子、皮耶 ‧ 賈維勒
定價｜480 元

如果用氣味記憶一座城市，東京該是什麼味道，味噌湯、握壽司、蕎麥麵，還是……？且看東京人娓娓道來一道道屬於東京的飲食記憶，那些日常生活的美好滋味。

闖進別人家的廚房——
市場採買 X 私房食譜 橫跨歐美 6 大國家找家鄉味

作者｜梁以青 著
定價｜395 元

食物，滿足的從來不只是胃囊，更能滿足乾涸的心靈。一個單身女子，一趟回歸原點的旅程，卻意外闖進了別人家的廚房，從墨西哥媽媽到法國型男主廚再到義大利奶奶，從美洲一路到歐洲，開啟了一場舌尖上的冒險之旅……

unopan
Bring your chef home

屋諾

生活的美學專家
就從 **unopan** 開始

UNOPAN 屋諾是您創造幸福滋味的好幫手，
與我們一起分享充滿健康美味的美好生活！

無論從廚房到生活，
UNOPAN與你一起發揮創意品嘗生活中各式的美好滋味

三能食品器具股份有限公司
SANNENG BAKEWARE CORPORATION

TEL:04-24925580　客服專線5299 / 訂製專線5399 / FAX:04-24922077
http://www.sanneng.com.tw/tw/index.php
Email：sanneng.taiwan@msa.hinet.net
412 台中市大里區工業八路58號

FB　　LINE

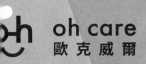

oh care
歐克威爾

最溫柔的抑菌專家

 獨家專利P113⁺抑菌蛋白

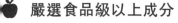 嚴選食品級以上成分

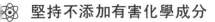 堅持不添加有害化學成分

官方網站

官方FB

官方Line@

股份有限公司 🏠 www.oh-care.com 📞 0800-779-229 ✉ info@gbc.com.tw

時刻繽紛　優雅隨身

三友圖書有限公司 收
SANYAU PUBLISHING CO., LTD.

106　台北市安和路2段213號4樓

「填妥本回函，寄回本社」，
即可免費獲得好好刊。

▼

\ 紛絲招募歡迎加入 /

臉書／痞客邦搜尋
「四塊玉文創／橘子文化／食為天文創
三友圖書──微胖男女編輯社」
加入將優先得到出版社提供的相關
優惠、新書活動等好康訊息。

四塊玉文創✕橘子文化✕食為天文創✕旗林文化
http://www.ju-zi.com.tw
https://www.facebook.com/comehomelife

親愛的讀者：

感謝您購買《末羊子的朝食生活 高顏值吐司》一書，為感謝您對本書的支持與愛護，只要填妥本回函，並寄回本社，即可成為三友圖書會員，將定期提供新書資訊及各種優惠給您。

姓名 _____ 出生年月日 _____

電話 _____ E-mail _____

通訊地址 _____

臉書帳號 _____

部落格名稱 _____

1 年齡
□ 18 歲以下　　□ 19 歲～ 25 歲　　□ 26 歲～ 35 歲　　□ 36 歲～ 45 歲　　□ 46 歲～ 55 歲
□ 56 歲～ 65 歲　　□ 66 歲～ 75 歲　　□ 76 歲～ 85 歲　　□ 86 歲以上

2 職業
□軍公教　□工　□商　□自由業　□服務業　□農林漁牧業　□家管　□學生
□其他 _____

3 您從何處購得本書？
□博客來　□金石堂網書　□讀冊　□誠品網書　□其他 _____
□實體書店 _____

4 您從何處得知本書？
□博客來　□金石堂網書　□讀冊　□誠品網書　□其他 _____
□實體書店 _____　　□ FB（四塊玉文創／橘子文化／食為天文創 三友圖書——微胖男女編輯社）
□好好刊（雙月刊）　□朋友推薦　□廣播媒體

5 您購買本書的因素有哪些？（可複選）
□作者　□內容　□圖片　□版面編排　□其他 _____

6 您覺得本書的封面設計如何？
□非常滿意　□滿意　□普通　□很差　□其他 _____

7 非常感謝您購買此書，您還對哪些主題有興趣？（可複選）
□中西食譜　　□點心烘焙　　□飲品類　　□旅遊　　□養生保健　　□瘦身美妝　　□手作　　□寵物
□商業理財　　□心靈療癒　　□小說　　□其他 _____

8 您每個月的購書預算為多少金額？
□ 1,000 元以下　　□ 1,001 ～ 2,000 元　　□ 2,001 ～ 3,000 元　□ 3,001 ～ 4,000 元
□ 4,001 ～ 5,000 元　　□ 5,001 元以上

9 若出版的書籍搭配贈品活動，您比較喜歡哪一類型的贈品？（可選 2 種）
□食品調味類　　□鍋具類　　□家電用品類　　□書籍類　　□生活用品類　　□ DIY 手作類
□交通票券類　　□展演活動票券類　　□其他 _____

10 您認為本書尚需改進之處？以及對我們的意見？
_____
_____

感謝您的填寫，
您寶貴的建議是我們進步的動力！

○ TOAST IDEAS ○

○ TOAST IDEAS ○